浪花朵朵

爱说话的动物
的动物

[法] 弗乐·斗盖 著   [法] 纳塔莉·舒 绘

马青 译

U0272923

天津出版传媒集团

天津教育出版社
TIANJIN EDUCATION PRESS

声音是什么?

砰！哐！叮！声音看不见，摸不着，闻不到。它没有颜色，也没有味道。但是，声音确实是存在的！

声音是物体振动产生的！

声音，通过空气振动传播，然后我们就听到了。这是什么道理呢？那是多亏了我们的耳膜，它位于耳道的最深处。耳膜像一张鼓面。声音进入耳朵，就会碰触耳膜，使它振动。然后大脑就会对接收的声音进行分析，判断它是让人开心还是烦恼，是尖锐还是低沉，是微弱还是浑厚。

音乐通常是柔和、令人愉悦而开心的。但噪音就惹人厌烦。如果声音太大，还会让耳膜有刺痛的感觉。

什么都听不到！

有的声音很尖锐，超过了我们的听力范围：这就是超声波。超声波进入我们的耳朵时，鼓膜的灵敏度不够，感觉不到它们的敲击，所以我们听不到这些声音。有的动物能够发出超声波，也能捕捉到它们，比如蝙蝠。

太低沉的声音我们也听不到！这样的声音叫作次声波，鲸和大象会用次声波进行交流。

没有绝对的寂静

大自然永远不会寂静无声，而总是充满了各种各样的声音。要想找到绝对的寂静，除非去往太空。为什么呢？因为太空中没有空气，声音无法传播。因此，那里才是绝对的寂静。

动物也像人类一样，会叫喊，会唱歌，也会演奏音乐。从蜘蛛，到鱼儿，再到河狸，所有的动物都会发出各种各样的声音！那么它们用声音做什么呢？这就是这本书要告诉大家的。所以，竖起你们的耳朵吧！

鸟儿的音乐会

春天，小鸟从早到晚扯着嗓子唱歌，甚至夜里都不停歇！
它们为什么要如此卖力呢？

雄鸟的表演

爱唱歌的主要是雄鸟，它们一展歌喉，为的是吸引雌鸟的注意。雄鸟在自己的领地放声高歌，使出浑身解数，希望找到一只雌鸟，一起生儿育女。

乌鸫和黑顶林莺的歌声如婉转的长笛，轻盈地飞上云霄：

呜、滴嘟、呜噜噜。

鹪鹩的歌声是一串串的，它们唱起歌来仿佛在用歌声密集扫射灌木丛一般：

滴滴滴滴、突突突突。

夜晚的歌者

整个白天，到处是杂乱的乐章。因此，夜莺总是等到夜幕降临才一展歌喉。这样，人们就能听到它纯粹的歌声，在黑夜里静静流淌。

猫头鹰的二重奏

还有别的鸟也喜欢在夜晚歌唱。雄性的灰林鸮不等春天来临便开始寻觅伴侣。它从秋天就开始唱歌了，发出"呜——呜——呜——呜呜呜——"的声音。如果雌性灰林鸮对它感兴趣，就会用"咕！咕——"的歌声回应。在夜晚美丽的歌声中，它们就这样一点一点地彼此靠近。

鸟儿用什么唱歌？

鸟儿怎么会唱得这么好听，唱得这么久呢？这是因为在它们的嗓子深处，有一个特别的发声器官：鸣管。鸟儿肺部的一端有两个小气囊，气囊里的空气冲出来，振动鸣管，使它发声。这两个小气囊可以储存空气，随时都可以发挥作用。这有点像风笛的气囊，乐手在演奏风笛前要先将它充满气。鸣管分为两部分，这让鸟儿可以同时发出两种不同的声音。

青蛙交响音乐会

春天，池塘里的雄性青蛙和蟾蜍变得吵吵闹闹：就像是一场交响音乐会，不过所有乐器都同时在演奏！

什么都听不见啦！

湖侧褶蛙的脸颊像吹起的泡泡一样鼓起来，它们欢快地叫着：呱，呱。铃蟾呢？它们会叫吗？铃蟾唱起情歌，听起来更像是一位竖笛手：突突，突突。瞧，来了一只黄条背蟾蜍！它的乐器是下巴下面的一个蓝色的大口袋，口袋鼓起来：夸，夸，夸！林蛙轰隆隆的鸣叫似乎永不停歇：轰，轰，轰……欧洲树蛙的叫声则非常短促，像小提琴一样：丁零，丁零，丁零，丁零。青蛙和蟾蜍用来发声的鼓包叫作声囊。

夜晚的歌者

快出来，在水里待着别人可听不见你的声音。

产婆蟾住在树林深处，一只雄性产婆蟾正在呼叫雌性产婆蟾：哔！哔！谁会回应它的呼叫呢？

静静倾听的雌蛙

这些音乐会声响震天，有时在一千米之外都能被听到，而雌蛙则为此倾倒。它们会选其中最好的演奏者，成为自己的爱人。

昆虫音乐家

昆虫也会通过演奏音乐来吸引异性。

六足小提琴手

许多昆虫都会通过摩擦两个器官来演奏"小提琴"：它们总是齐声演奏。白天，蝗虫以刮器为琴弓，音锉做琴弦，摩擦腿部发出声音，吸引异性。到了夜晚，蟋蟀来接班了。雄蟋蟀用翅膀，也就是鞘翅演奏音乐，通过摩擦鞘翅，发出声音，吸引雌蟋蟀。如果有一只美丽的雌蟋蟀靠近，它就会演奏起悠扬而美妙的音乐。但如果一只雄蟋蟀来捣乱，那它马上就会唱起战歌，赶跑这个竞争对手。

吵闹的鸣蝉

在所有的昆虫中，数鸣蝉最为聒噪。一些热带的蝉放声齐鸣时，声音大而尖锐，甚至让人觉得耳膜疼！

会唱歌的肚子

只有雄性的蝉会唱歌，雌性总是扮演默默倾听的角色。蝉有一个不同于其他昆虫的秘密，藏在它的肚子里：它有一块会变形的肌肉，肌肉振动发出声音，声音通过身体结构得以共鸣而放大，然后经过一些小孔被释放出来。天气炎热的时候，演唱会就开始了。只有最棒的音乐家才会获得雌蝉的青睐。

蜘蛛的乐器

对雄蜘蛛来说，寻找爱情是非常危险的。只有最好的音乐家才能死里逃生！

爱上你，要不然就吃了你

家隅蛛是一种长毛的大蜘蛛，我们经常会在家里的浴缸里发现它们的身影。当一只昆虫被雌蜘蛛的网困住时，它会挣扎，而这时产生的振动就像在通知雌蜘蛛，雌蜘蛛会迅速赶来把它吃掉。如果雄蜘蛛想吸引雌蜘蛛的注意力，那可一定要倍加小心！如果发出的声音不巧与猎物相同，雌蜘蛛一样会把它生吞活剥！

叮！砰！啊！

进入雌蜘蛛的蛛网，雄蜘蛛就要开始演奏一首特殊的乐曲，去告诉雌蜘蛛：我可不是你的食物。这时候千万别弹错了曲子！雄蜘蛛用脚和嘴巴演奏音乐，就像在演奏几种乐器一样。它拨动蛛网，就像拨动竖琴、弹奏吉他、摇动手鼓，整个身体跟着一起晃动。如果雌蜘蛛明白了它要传达的信息，就会摇摇蛛网，表示："我认出你了！这位绅士，请进来吧！"

哎呀，终于脱离危险了！

动物的呼喊与歌声

孩子们会叽叽喳喳说个不停，会吵闹，会起哄。动物呢？

动物世界的话痨

不管低吼、颤抖还是放屁……只要能和同伴保持联系，
任何办法都是好办法！

大象正在打电话

嗷！非洲象在低吼，不过它的叫声不能传到很远
的地方。由于象群和独自生活的雄象平时生活的区域相
隔很远，它们需要一种远距离的沟通方式。它们用的是
一种很低沉的声音，超过了人的听力范围，叫作次声波。
声音越低，可以传播的距离就越远，在非洲的稀树草原
上，大象的这种声音能够传到十千米外的地方。次声波
是用喉发出的，喉位于大象的颈前部，这和我们平时说
话用的器官相同。

用脚听声

那么大象又是怎么听到这些声音的呢？用它们的
大耳朵吗？不，是用脚！当象群看到有狮子在附近徘
徊，就会用次声波发出警告。声波的振动通过地面传播
到其他象群的脚下，它们就可以马上戒备起来。

喂，亲爱的？

雌象也会用次声波寻找爱情。当它们准备寻找伴
侣的时候，就会发出歌声一般的美妙声音。这些声音我
们人类听不到，但雄象一下子就能识别出来。看，雄象
马上就出现了！

海底电话

鲸有和大象一样的远距离沟通问题，不过是在水下。海洋很广阔，鲸相互之间的距离很远。有的鲸也会用次声波进行交流，比如长须鲸和蓝鲸。在水中，声音传播比在陆地上传得更快更远：蓝鲸发出的次声波能传到五千千米之外的地方！

鲸群在开会

当鲸群在一起时，会一直发出噼噼啪啪、叮叮当当、咝咝咝的"说话"声。鲸妈妈和鲸宝宝一起游泳时，也会用很轻柔的声音说话。生物学家用水下麦克风把这些声音都录了下来。

"你好啊，最近怎么样？"

海豚之间也会聊天。两只海豚相遇的时候，一只会先说一句听起来像是"咔哒""哎哟"组成的话，然后它就停下来，听另一只海豚的回复。另外，每只海豚的声音都是不一样的，就像每个人的说话声音也都不同。

爱放屁的鲱鱼

为了和同类进行交流，鲱鱼有一种非常独特的技能：放屁。为了能够随时随地放屁，它们会在水面吸收大量的空气，储存在腹部的一个特殊的口袋——鱼鳔里。鱼鳔通常都是鼓鼓的，对于大多数鱼类而言，它的主要功能是帮助它们漂浮在水中。而对于鲱鱼来说，也是为了能够随时放屁！

和朋友一起放屁

鲱鱼成群结队地生活在一起，一定不能落单。夜晚来临的时候，周围变得一片漆黑。这时鲱鱼就要一起开始放屁了："哥们，我在这儿呢。你在哪儿？"其他鲱鱼回答说："我们也在呢，你没有掉队！"

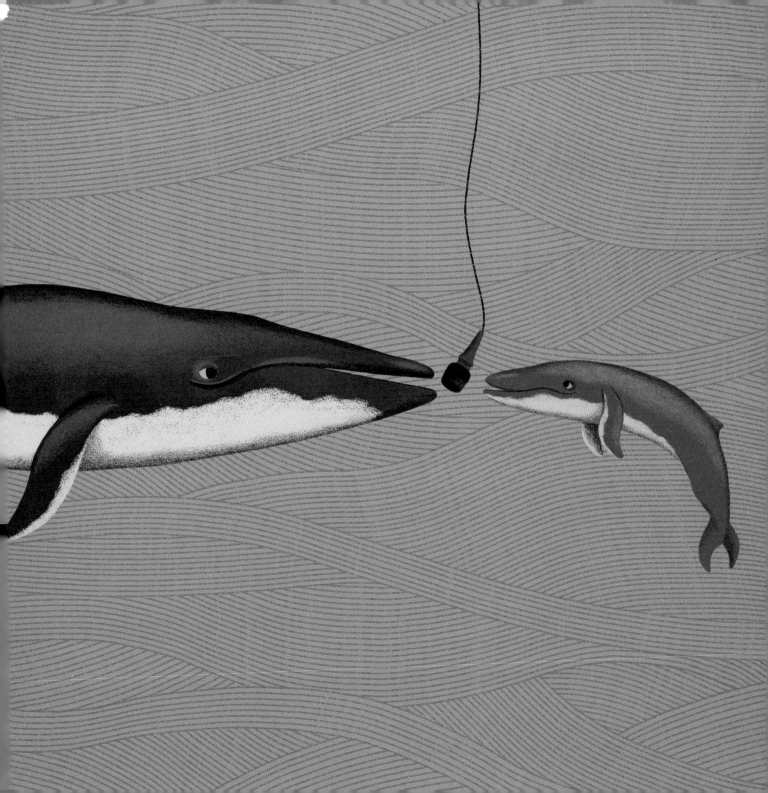

"爸爸，妈妈，你们在哪儿？"

王企鹅是群居性动物，几千只企鹅生活在一起。企鹅宝宝大一些的时候，王企鹅爸爸妈妈就会把它们独自留在家，去海洋里觅食。不过小企鹅才不会乖乖在家待着。它们到处散步，还会和其他小企鹅一起在儿童乐园里玩儿。爸爸妈妈回来后怎么找到自己的孩子呢？通过声音！每只成年的王企鹅和宝宝的声音都很独特，它们可以凭借声音认出彼此。家庭里的每个成员都会记住其他企鹅的声音。即使在周围很吵，所有的企鹅同时叫喊的时候，王企鹅爸爸妈妈和孩子都能一下子认出对方！

吉他手蜘蛛

蜘蛛网就像一把吉他，网心的蜘蛛通过它就能知道网上的所有动向。只要有什么碰到一根蛛丝，发出的声音马上将信息传递给蜘蛛。叮！一只苍蝇掉入了陷阱，该吃饭了！丁零！啊，一只帅气的雄蜘蛛来了……蜘蛛拨动蛛丝吉他的时候，也能了解到蛛网的状态。嗡！该去修理一下了！

黑猩猩的词汇

动物的叫喊并不只是毫无意义的声音。黑猩猩发出的声音就是有实际意义的词汇，比如：苹果、面包或者香蕉。研究人员发现它们甚至能够改变语言，学习新词以便能够与"外国"黑猩猩更好地沟通。人们把生活在苏格兰动物园的黑猩猩和荷兰来的黑猩猩放在一起，它们用来说"苹果"的词不一样。一开始，它们无法很好地互相理解。后来，荷兰黑猩猩开始像苏格兰黑猩猩那样说"苹果"。从此以后，它们形成了一个新的集体，所有的黑猩猩都说同一种语言！

爬行动物的语言

很长一段时间里，我们都以为乌龟、蜥蜴、蛇这些动物是不会发出声音的。然而事实完全不是这样！以前，我们只是没有好好地倾听它们说话。

爱说话的蜥蜴 *

确实，有很多蜥蜴都不会说话，但并非所有的都是这样！壁虎就很爱说话，新喀里多尼亚巨人守宫不仅是体形最大的壁虎，还总是喋喋不休。新喀里多尼亚人对它们的咆哮印象深刻，把它们称作"树上的恶魔"。

高谈阔论的乌龟

在判断一个动物是否真的不会说话前，首先要好好地听一听。于是，研究人员用麦克风追踪研究一只乌龟数月之久：这是一只生活在亚马孙河流域的巨型侧颈龟。生物学家发现这种龟有很多话要倾诉！不管在水中还是在岸上，它都会"说话"，能够发出十一种不同的声音。我们现在还不确定这些声音的意义，不过可以明确的是它们确实不是哑巴！

让我安静一下！

蛇不会叫喊，不过这并不意味着它们无法表达自己的想法！当它们被打扰或者受到惊吓，会鼓起肺部，用力向外呼气。气体通过声门前，声门也就是我们在蛇嘴巴里看到的那个小洞，会首先让一个类似于小舌的器官振动，发出这个很特别的声音：嘶—— 蛇呼气的时候，其实是在说：我很生气，再不走开，我就要咬你了！为了表示我们听懂了它的警告，此时你最好后退。

如果这还不足以吓退入侵者，有些蛇还会放屁！这次气体不是从蛇的前面出来，而是从后面。怎么样？你会害怕放屁的蛇吗？

---

* 编注：这里的蜥蜴指的是蜥蜴目动物，壁虎属于蜥蜴目动物。

用声音捕食

能不能用声音看到东西呢？这是可以的！蝙蝠就是用耳朵来看，而海豚是用嘴巴看。有点奇怪是不是？不过这是真的……

耳朵能看见

蝙蝠白天睡觉，夜晚捕食。它们是夜行性动物。不过，在漆黑的夜里，它们什么都看不见！那它们怎么捕食夜间的飞蛾，填饱肚子呢？它们是用声音和耳朵来"看"的。我们把这种方式称为超声波回声定位。

倾听回声

蝙蝠飞行的时候，不断发出超声波。这些声音频率很高，超出了人类耳朵的听力范围。超声波碰到物体时，回声会返回到蝙蝠那里。如果回声来得很快，说明猎物近在咫尺。如果回声返回很慢，则说明猎物的距离还有点远。

声音"看"到的风景

蝙蝠根据听到的声音，在脑海中编织出面前的景象。这样，虽然看不到，它通过听就能知道周围正在发生些什么。

别担心

当我们在夜晚漫步，碰到有蝙蝠从身边飞过，别担心，它不会撞上来的，它知道我们在哪儿。几个世纪以来，很多人害怕蝙蝠，因为觉得它们会缠进我们的头发。不是这样的！蝙蝠很清楚它们正在飞往何方，而且对我们的头发或者马尾辫一点兴趣都没有。

有没有它们探测不到的东西呢？只有一个，那就是蜘蛛网！因为蜘蛛丝太纤细了，声音碰到它无法反弹回来。

咔哒

咔哒

用嘴巴看

　　海豚也是用超声波来捕食鱼。像蝙蝠一样，海豚也有一双患了"近视"的小眼睛，但它们可从来不会撞上什么东西！海豚头部有一个明显的凸起，叫作额隆。海豚会透过额隆发出一种"咔哒"的声音：这种声音在水中传播，遇到物体后会反弹回来，被海豚的下颌接收。这样，海豚就能迅速定位沙丁鱼和鲱鱼，把它们送进自己的肚子。

咕噜噜

用耳朵打鱼

当有人不说话的时候，在法语中他会被称为"像鱼一样的哑巴"。这真是胡说八道！鱼类其实是很唠叨的。大西洋白姑鱼生活在吉伦特河三角洲附近，体形较大，一身银白，它们甚至经常会大声咆哮。十八世纪时，渔民打鱼，会把耳朵贴在船底，以便更好地定位大西洋白姑鱼的位置，把它们抓住！

用声音**防御**

遇到危险的时候，可以用声音示警。当声音高亢到令耳膜疼痛，它甚至可以用作防御工具！

敲锣救命

就像大象会在看到狮子出没时通知其他大象一样，河狸也会在遇到危险时向家人示警。而且，它有自己非常独特的办法。一只在水中安静游泳的河狸，一旦被人类、狗或者其他动物吓到，就会用它扁平的大尾巴用力拍打水面。啪！然后它倏地一下，就逃进水里！听到这巨大的拍水声，其他同伴和小河狸也会赶快逃回洞穴。

恐怖的音乐

当龙虾演奏起它的小提琴，它会尽最大努力把乐器拉得很难听！龙虾的音乐不是为了呼朋引伴。恰恰相反！当一条大鱼或章鱼靠近，准备把它当作午餐吃掉，龙虾就拿出琴弓：它的触须。它用触须摩擦眼睛下面的小小的"琴弦"，发出吱拉吱拉的声音！巨大的噪音让它的捕食者胆战心惊。这让敌人马上没了美餐一顿的胃口，逃之大吉。在龙虾家族里，当一个糟糕的音乐家是可以救命的……

"喂，能听到吗？我是罗伯特啊！"

象海豹家族一个群体往往只有一只雄性有交配权，它们是一夫多妻制的拥护者！为了赢得心上人，雄象海豹必须一决高下，战斗经常很残酷。不过，这场决斗也并非不可避免。象海豹也可以通过声音分出高下。比如，当一只雄象海豹离开水中，一边走向海滩一边叫着："嗷！嗷！"另一只小一点的象海豹听到了就会想："哎呀，这不是罗伯特大哥吗？去年它给了我不少苦头吃呢！我可不会跟它过不去！"小家伙转身飞奔而去，让这个大家伙通行无阻。就这样，谁都不会受伤了。

吼！

咆哮也是一种有效的防御手段，往往可以避免动手。如果一只狗发现有同类要抢走自己的玩具，就会用咆哮声表示抗议，就仿佛在说："嘿，不许动它！"对方就会明白它的意思并走开。但如果对方坚持挑衅，那么咆哮声会越来越大，直到发展成一次斗殴事件。猫也会用低吼表示自己的不满。如果另一只猫侵入了自己的地盘，它也会发出低沉的咆哮声，就是在说："趁我还没生气，快滚！"通常对方都能明白其中的意思，一场战斗就此避免。

低吼的红体绿鳍鱼

红体绿鳍鱼总是成群结队地外出寻找食物。但一旦找到点什么，它们就会马上把所有的礼节风度都抛到脑后，人人为己！所有的鱼都冲上去用餐，生怕填不饱肚子。同时，还要看好自己的食物，别被别人偷走了。于是，有的红体绿鳍鱼也会低吼！研究人员甚至发现会低吼的红体绿鳍鱼获得的食物是最多的，因为其他红体绿鳍鱼会害怕它们。

"伙计，当心！"

长尾黑颚猴群居在非洲的稀树草原上。因为它们体形较小，总会成为其他捕食者的目标，身处险境。不过长尾黑颚猴也有保护自己的手段。一只猴子看到捕食者靠近，就会通知它的朋友。但它并不仅仅满足于呼喊："当心，有危险！"它会根据不同的情况，用不同的声音示警。如果有一只鹰从远处飞来，它就会喊："当心，危险将从天而降！"其他猴子马上知道要躲到灌木丛里去。如果一头狮子正在逼近，它就会喊："当心，地面危险！"倏地一下，猴子就都爬上了树。

私人领地！

动物不懂建围墙来划定自己的领地。不过它们可以通过吼叫或者发出其他声音来表示："这里，是我的地盘！"

以歌声为界

雄鸟的歌声可以用来吸引雌鸟，但功能不止于此！它们还会高声鸣叫，以明确自己的领地范围。不管莺声呖呖还是鸟鸣啁啾，都是一道声音的屏障：其他雄鸟，非请勿入。当知更鸟要寻找一个落脚处时，会在灌木丛中飞来飞去，并用心谛听。如果听到了：噗叽、噗叽、噗呜呜叽，它就知道这丛灌木已经有主，需要继续寻找下一处，要不然，很有可能被这里的主人马上驱逐。

咚咚咚咚咚！

啄木鸟会叫喊，但不会唱歌。它们会通过敲击树干保护自己的领地。大斑啄木鸟对自己的领地界限非常明确，坚持不懈地敲击树干。它的喙非常坚硬，快速敲击树干时会产生很大的声音，在回声的作用下这种声音可以在森林里传得很远。它要用这种声音赶走其他啄木鸟，告诉它们："这里是我家！"这种猛烈的敲击对鸟类的大脑来说很危险。幸运的是，啄木鸟的大脑周围有一层防震装置，相当于在脑袋里装着安全气囊！

狼群合唱团

狼群会用集体合唱标记领地的范围。夜幕降临，狼群就集合了，一起来演唱一曲"嗷嗷嗷——"头狼负责领唱，它利用空气拨动声带，不断地唱着音阶，从最高音到最低音。它们还会倾听附近其他狼群的演唱。这样，它们心中就有了一幅周围狼群的分布图。

奇怪的 叫声

有的动物叫声和歌声会吓人一跳！

考拉的大嗓门

长着小熊脑袋的考拉真可爱！另外，它们嚼桉树叶的时候，也会发出可爱的细小声音：沙沙，沙沙，沙沙。但是当雄考拉要吸引雌考拉的时候，简直好像化身为野兽！它发出完全与形象不符的巨大咆哮：哼哼，吼吼，哼哼哼哼哼！太可怕了！

狂吠的西方狍

西方狍并不是一种爱吵闹的动物，它们一般都想安静地躲着，不要被狼群、猞猁或者想猎食它们的人类发现。一旦它们觉得自己被盯上了，就会因为受惊吓而狂吠，试图把敌人吓走。汪！汪！它们的叫声和狗非常相似！

像狗一样的鱼

鱼也会狂叫。纳氏臀点脂鲤（俗称"红腹食人鱼"）就是如此。它们生活在南美洲的河流中，攻击性很强。不过在攻击前，它们会发出警告：汪！

爱学人说话的小鸟

有的鸟模仿起别的声音来惟妙惟肖。紫翅椋鸟就精于此道。它们经常"不说自己的语言"，却喜欢模仿赭红尾鸲的声音。你听：哗滴哗滴，哗滴哗滴哗！这是一只生活在城市中的紫翅椋鸟在模仿手机的声音呢！

老鼠歌唱家

中美洲的森林里生活着一种会唱歌的老鼠。当它用后足站立，唱出尖锐的歌声时，像足了一位歌剧演唱家。它张大嘴巴：噫——它的整个小身体都在颤抖。这独特的歌声也是这种老鼠相互之间的交流方式。